KB197102

사이언스 리더스

잠꾸러기
코알라

로라 마시 지음 | 송지혜 옮김

비룡소

로라 마시 지음 | 20년 넘게 어린이책 출판사에서 기획 편집자, 작가로 일했다. 내셔널지오그래픽 키즈의 「사이언스 리더스」 시리즈 가운데 30권이 넘는 책을 썼다. 호기심이 많아 일을 하면서 책 속에서 새로운 것을 발견하는 순간을 가장 좋아한다.

송지혜 옮김 | 부산대학교에서 분자생물학을 전공하고, 고려대학교 대학원에서 과학언론학으로 석사 학위를 받았다. 현재 어린이를 위한 과학책을 쓰고 옮기고 있다.

이 책은 오스트레일리아 코알라 재단의 최고 경영자인 데버라 타바트와
글로벌 브리핑의 이사 수전 켈리, 오스트레일리아 포트매쿼리에 있는 코알라
병원이 감수하였습니다.

내셔널지오그래픽 키즈 사이언스 리더스
LEVEL 1 잠꾸러기 코알라

1판 1쇄 찍음 2024년 12월 20일 1판 1쇄 펴냄 2025년 1월 15일
지은이 로라 마시 옮긴이 송지혜 펴낸이 박상희 편집장 전지선 편집 최유진 디자인 김연화
펴낸곳 (주)비룡소 출판등록 1994.3.17.(제16-849호) 주소 06027 서울시 강남구 도산대로1길 62 강남출판문화센터 4층
전화 02)515-2000 팩스 02)515-2007 홈페이지 www.bir.co.kr 제품명 어린이용 반양장 도서 제조자명 (주)비룡소
제조국명 대한민국 사용연령 3세 이상 ISBN 978-89-491-6901-9 74400 / ISBN 978-89-491-6900-2 74400 (세트)

NATIONAL GEOGRAPHIC KIDS READERS LEVEL 1 KOALAS by Laura Marsh
Copyright © 2014 National Geographic Partners, LLC.
Korean Edition Copyright © 2025 National Geographic Partners, LLC.
All rights reserved.
NATIONAL GEOGRAPHIC and Yellow Border Design are trademarks of
the National Geographic Society, used under license.

사진 저작권 Cover, AP Images; 1, Kitch Bain/Shutterstock; 2, Gerry Pearce/Alamy; 4-5, Image100/Jupiter Images/Corbis; 6, Anne Keiser/National Geographic Image Collection; 8, Pete Oxford/Minden Pictures/Corbis; 9, Yva Momatiuk & John Eastcott/Minden Pictures; 10, Theo Allofs/Minden Pictures; 11, Eric Isselée/Shutterstock; 12, Clearviewimages RM/Alamy; 13, Esther Beaton/Taxi/Getty Images; 14-15, Daniel J Cox/Oxford Scientific RM/Getty Images; 16, Robert Harding World Imagery/Getty Images; 17, surabhi25/Shutterstock; 18 (UPLE), manwithacamera.com.au/Alamy; 18 (UP RT), LianeM/Shutterstock; 18 (LO), Flickr RF/Getty Images; 18-19 (background), Africa Studio/Shutterstock; 19 (UP), Robin Smith/Photolibrary RM/Getty Images; 19 (CTR), Kitch Bain/Shutterstock; 19 (LO), AnthonyRosenberg/iStockphoto; 20 (LE), D. Parer & E. Parer-Cook/Minden Pictures; 20 (RT), Diana Taliun/Shutterstock; 21, Bruce Lichtenberger/Peter Arnold/Getty Images; 22, Flickr RF/Getty Images; 23, shane partridge/Alamy; 24-25, Neil Ennis/Flickr RF/Getty Images; 26, Susan Kelly/Global Briefing/www.koalahospital.com/www.koalahospital.org.au; 26-27 (background), Shutterstock; 27 (UP), Joel Sartore/National Geographic Image Collection; 27 (CTR), Susan Kelly/Global Briefing/www.koalahospital.com/www.koalahospital.org.au; 27 (LO), Joel Sartore/National Geographic Image Collection; 28, Ocean/Corbis; 29, Thiess/Hardman Communications; 30 (LE), Bruce Lichtenberger/Peter Arnold/Getty Images; 30 (RT), Image100/Jupiter Images/Corbis; 31 (UPLE), Kevin Autret/Shutterstock; 31 (UP RT), Ventura/Shutterstock; 31 (LO LE), Daniel J Cox/Oxford Scientific RM/Getty Images; 31 (LO RT), roundstripe/Shutterstock; 32 (UP LE), Gerry Ellis/Digital Vision; 32 (UP RT), tratong/Shutterstock; 32 (LO LE), K.A.Willis/Shutterstock; 32 (LO RT), Markus Gann/Shutterstock; header banner, Shutterstock; Tree Talk koala, Shutterstock

이 책의 차례

무슨 동물일까?

이 동물은
나무 위에 살면서
푸른 잎사귀를 먹어.

코가 까맣고,
커다란 두 귀에는
털이 복슬복슬 나 있지.
또 아주 느릿느릿
움직여.

어때? 무슨 동물인지
알겠어?
맞아, 코알라야!

코알라가 사는 곳

태평양

코알라는 오스트레일리아에 살아.

주로 산과 바닷가를 따라 숲과 나무가 많은

곳에서 지내지.

오른쪽의 지도를 보면서 코알라가 어디

사는지 알아보자!

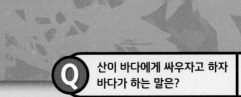

Q 산이 바다에게 싸우자고 하자 바다가 하는 말은?

A 니가바 덤벼라

북극해

유럽

아시아

태평양

북아메리카

아프리카

인도양

남아메리카

대서양

오스트레일리아

코알라가
사는 곳

주머니에 쏙!

코알라는 귀여운 곰 인형을 닮았어.
그렇다고 곰과 헷갈려서는 안 돼!

코알라는 **유대류**야. 이게 뭐냐고? 몸에
주머니가 있는 **포유류**를 유대류라고 해.
어미는 갓 태어난 새끼를 주머니에 넣고
키워. 새끼는 그 안에서 젖을 먹고 자라지.
캥거루와 웜뱃도 유대류에 속해.

웜뱃의 주머니에 새끼가 쏙 들어가 있어.

코알라 용어 풀이

유대류: 몸에 새끼를 기르는 주머니가 있는 포유류.

포유류: 새끼에게 젖을 먹여 기르는 동물.

캥거루도 주머니에 새끼를 넣어 보호해.

나무를 오르락내리락

코알라의 몸은 나무에서 살기에

알맞아! 왜 그런지 살펴볼까?

몸을 웅크려서
나뭇가지 사이에
편안히 앉을 수 있어.

엉덩이에는 무척
두꺼운 털이 나 있지.
꼭 방석처럼 푹신해!

긴 앞발은 나무를
감싸안기 편해.

튼튼한 뒷다리는 나무를
오르내리기 좋아.

나무 기둥이나
나뭇가지를 팔 때는
기다란 발톱을 써.

발바닥에 거칠고 볼록한
살이 있어서 나무에서
미끄러지지 않아.

앞발의 발가락으로는 나뭇가지를
단단히 붙잡을 수 있지!

뭐든지 나무 위에서!

코알라는 나무 타기 선수야. 게다가 시간을
대개 나무 위에서 보내. 나무는 코알라의
서식지거든.

코알라는 잠도 나무 위에서 자. 종종
재미있는 자세로 졸기도 해. 어때? 너라면
코알라처럼 잘 수 있어?

코알라는 잠꾸러기야! 하루에
무려 20시간이나 잠을 잔대.

코알라 용어 풀이

서식지: 동물이나 식물이
살아가는 보금자리.

코알라 한 마리가 살기 위해서는
보통 나무 100그루 정도가 필요해.
이를 코알라의 **영역**이라고 한단다.

수컷 코알라는 가슴에 아주 특별한 냄새가
나는 **기관**인 가슴샘이 있어. 이 가슴샘을
나무에 문질러서 냄새를
묻히지.

왜냐고?
다른
코알라에게
자기 영역이니
다가오지 말라고 알리는 거야.

수컷 코알라의 가슴샘이야.
암컷 코알라에겐 없지.

코알라 용어 풀이

영역: 사람 또는 특정 동물 무리가 먹고 생활하며 머무는 지역.

기관: 일정한 모양으로 어떤 역할을 하는 몸의 한 부분.

까다로운 입맛

코알라는 유칼립투스 잎을 좋아해.

매일매일 먹어도 질리지 않는대.

그런데 600종이 넘는 유칼립투스 중

코알라가 먹는 건 겨우 30종뿐이야.

입맛이 꽤 까다롭지?

코알라는 매일 다섯 시간씩 배를 채워.

하루에 스무 시간을 잔다고 했으니까, 깨어

있는 시간을 거의 먹기만 하는 셈이야!

유칼립투스 잎에는 독이 있어서
다른 동물들은 잘 먹지 않아.

6 코알라에 대한 가지 멋진 사실

코알라는 나무와 나무 사이를
훌쩍 뛰어다닐 수 있어.

코알라는 물을 잘 마시지
않아. 유칼립투스 잎에서
물을 얻거든.

코알라의 털은 더위와 추위, 비로부터
몸을 보호해 줘.

4

코알라는 밤에 활동하는 야행성 동물이야.
물론 거의 먹기만 하지!

5

코알라의 발가락에는
사람처럼 지문이 있어.

6

유칼립투스 잎에서는 감기약
냄새가 나. 코알라한테도 비슷한
냄새가 나지.

새끼 코알라야, 어부바!

갓 태어난 새끼 코알라는 아주 작아. 온몸에 털이 하나도 없고, 보거나 들을 수도 없어.

그래서 새끼는 태어난 후 여섯 달 정도를 어미의 주머니에서 보내. 그 안에서 젖을 먹고 쑥쑥 자라지.

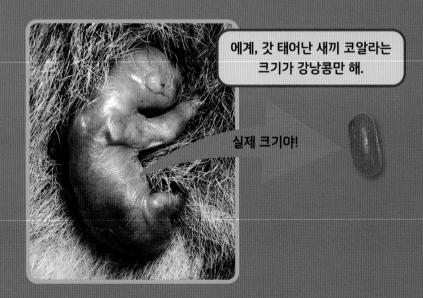

실제 크기야!

에계, 갓 태어난 새끼 코알라는 크기가 강낭콩만 해.

새끼 코알라가 주머니에서 머리를 쏙
내밀기까지는 약 여섯 달이 걸려. 그 전에는
절대 주머니 밖으로 나오지 않지.

짠, 여섯 달이 지나자 새끼 코알라가
주머니에서 나왔어. 드디어 세상으로 나온
거야! 새끼 코알라는 이제 뭘 할까? 바로
어미 가슴에 매달리거나 등에 올라타.

어미는 새끼에게 나무를 타고 매달리는
방법을 가르쳐 줘. 혼자서도 나무에서
안전하게 지낼 수 있도록 말이야.

Q 코알라가 새끼를 등에 업고 다니는 이유는?

A 나무 위에 유목하기 편하고 나무 수 없어서!

23

위험에 처한 코알라

사람이 많은 도시에 코알라가 자주
나타나고 있어.

코알라는 원래 나무가
많은 숲에 살아. 그런데
사람들이 농장, 도로, 건물을
만들겠다고 나무를 몽땅
베어 버렸지 뭐야. 그래서
코알라는 점점 살 곳을 잃고
말았지.

코알라는 할 수 없이 도시로
나왔어. 도시는 코알라에게
너무나 위험한 곳이야.
종종 자동차에 부딪히거나
심지어 산책하는 개에게
물려서 다치기도 해.

코알라를 도와줘!

다행히 오스트레일리아에는 코알라만을
위한 병원이 있어.
병원의 의사와 간호사는 아프거나 다친
코알라를 치료해 줘. 이들은 해마다 코알라
수천 마리를 구하지.

이런, 코알라가 자동차에 치였어. 다친 코알라는 오스트레일리아
뉴사우스웨일스주 포트매쿼리에 있는 코알라 전문 병원으로 옮겨질 거야.

코알라가 팔을 다쳤어. 깁스를 해 줬으니 금방 나을 거야.

병원 직원들이 아픈 코알라를 따뜻하게 보살펴 주고 있어.

코알라가 건강한지 알아보려고 몸무게를 재는 중이야.

코알라를 보호하는 방법은 또
있어. 코알라가 사는 곳 근처에
표지판을 세워서 운전자에게
알려 주는 거야.

Q 코알라의 반대말은?   판다를라 A

코알라가 도로 아래의 굴을 통해 도로를 건너고 있어.

코알라가 안전하게 도로를 건너도록 굴과 다리를 만들어 주는 방법도 있어. 그렇다고 코알라가 안전한 길이 어디 있는지 늘 알 수 있는 건 아니겠지.

그러니까 코알라를 돕는 가장 좋은 방법은 유칼립투스 나무를 지키는 거야. 나무가 코알라의 가장 안전한 집이니까!

사진 속에 있는 건 무엇?

코알라에 대한 것들을 아주 가까이에서
찍은 사진이야. 사진 아래의 설명을 읽고,
무엇인지 알아맞혀 봐! 잘 모르겠으면
[보기]의 힌트를 보면서 생각해도 좋아!
정답은 31쪽 아래에 있어.

갓 태어난 새끼 코알라가 자라는
곳이야.

코알라의 이것에는 털이 복슬복슬
나 있어.

[보기] 유칼립투스 잎, 발톱, 주머니, 나무, 가슴샘, 귀

코알라가 가장 좋아하는 음식이야.

나무 기둥이나 나뭇가지를 팔 때 써.

수컷 코알라의 가슴에 있고, 아주
특별한 냄새가 나는 기관이야.

코알라는 많은 시간을
여기에서 보내.

서식지
동물이나 식물이 살아가는
보금자리.

포유류
새끼에게 젖을 먹여 기르는 동물.

이 용어는
꼭 기억해!

유대류
몸에 새끼를 기르는 주머니가 있는
포유류.

영역
사람 또는 특정 동물 무리가 먹고
생활하며 머무는 지역.